D1923065

# Logistische Kennlinien

Weitere Bände in dieser Reihe
http://www.springer.com/series/3482

Peter Nyhuis • Hans-Peter Wiendahl

# Logistische Kennlinien

## Grundlagen, Werkzeuge und Anwendungen

3. Auflage 2012

Springer Vieweg

Peter Nyhuis
IFA Institut für Fabrikanlagen
Leibniz Universität Hannover
Garbsen
Deutschland

Hans-Peter Wiendahl
IFA Institut für Fabrikanlagen
Leibniz Universität Hannover
Garbsen
Deutschland

ISBN 978-3-540-92838-6 ISBN 978-3-540-92839-3 (eBook)
DOI 10.1007/978-3-540-92839-3
Springer Heidelberg Dordrecht London New York

Die Deutsche Nationalbibliothek verzeichnet diese Publikation in der Deutschen Nationalbibliografie; detaillierte bibliografische Daten sind im Internet über http://dnb.d-nb.de abrufbar.

Springer Vieweg
© Springer-Verlag Berlin Heidelberg 1999, 2003, 2012
Das Werk einschließlich aller seiner Teile ist urheberrechtlich geschützt. Jede Verwertung, die nicht ausdrücklich vom Urheberrechtsgesetz zugelassen ist, bedarf der vorherigen Zustimmung des Verlags. Das gilt insbesondere für Vervielfältigungen, Bearbeitungen, Übersetzungen, Mikroverfilmungen und die Einspeicherung und Verarbeitung in elektronischen Systemen.

Die Wiedergabe von Gebrauchsnamen, Handelsnamen, Warenbezeichnungen usw. in diesem Werk berechtigt auch ohne besondere Kennzeichnung nicht zu der Annahme, dass solche Namen im Sinne der Warenzeichen- und Markenschutz-Gesetzgebung als frei zu betrachten wären und daher von jedermann benutzt werden dürften.

Gedruckt auf säurefreiem und chlorfrei gebleichtem Papier

Springer Vieweg ist eine Marke von Springer DE.
Springer DE ist Teil der Fachverlagsgruppe Springer Science+Business Media
www.springer-vieweg.de

# Vorwort zur 3. Auflage

Das anhaltende Interesse an den Logistischen Kennlinien hat eine Neuauflage dieses Buches erfordert.

Seit dem Erscheinen der 2. Auflage im Jahre 2002 hat die Kennlinientheorie durch das Institut für Fabrikanlagen und Logistik der Leibniz Universität Hannover verschiedene Erweiterungen unter anderem im Bereich der Montage erfahren. Die Entwicklungen sind jedoch noch nicht soweit fortgeschritten und praxiserprobt, dass wir sie in eine dritte Auflage integrieren wollten.

Um die anhaltende Nachfrage befrieden zu können, haben wir uns daher entschlossen, die 3. Auflage gegenüber der 2. Auflage unverändert zu belassen und lediglich kleine Fehler in einigen Formeln und im Text korrigiert.

Die 2. Auflage enthielt einige Demonstrationsprogramme zur Berechnung von Produktions-, Lager- und Terminkennlinien sowie optimalen Losgrößen. Es handelt sich hierbei um Microsoft© Excel97-Anwendungen, die in Visual Basic© geschriebene Makros nutzen. Bei Verwendung neuerer Versionen von Microsoft© Windows und Excel kommt es teilweise zu Problemen bei der graphischen Darstellung der Ergebnisse. Da eine fehlerfreie Anwendung der Programme somit nicht mehr sichergestellt werden kann, haben wir uns mit großem Bedauern dazu entschlossen, die Demonstrationsprogramme nicht mehr beizufügen. Sämtliche Formeln und deren Ableitungen sind jedoch im Buch ausführlich dokumentiert und können im Bedarfsfall von den Lesern selbst programmiert werden.

In zahlreichen Seminaren, Forschungsarbeiten und Projekten hat sich die Kennlinientheorie und ihre Anwendung in Produktions- und Lagerprozessen bewährt und ist mittlerweile an vielen Hochschulen und Universitäten Bestandteil der Vorlesungen über Produktionswirtschaft, -management und -logistik. Seit 2009 steht auch eine englische Ausgabe unter dem Titel „Fundamentals of Production Logistics" zur Verfügung.

Wir wünschen unseren Lesern weiterhin Anregungen und Erkenntnisse bei der Lösung ihrer logistischen Probleme und freuen uns über Kritik und Anregungen.

Hannover<br>Februar 2012

Peter Nyhuis<br>Hans-Peter Wiendahl

Im Reich des Tigers müssen Leoparden immer auf der Hut sein. Tiger töten die kleinere Konkurrenz, wenn sie dazu eine Gelegenheit bekommen. Leoparden ziehen sich deshalb gerne auf Bäume zurück. Dort sind sie weitgehend sicher, weil Tiger aufgrund ihres höheren Gewichtes nicht gut klettern.

Sambarhirsche nehmen ein Schlammbad an einer Suhle. Solche Wasserlöcher werden auch häufig von Tigern besucht. Sie stillen hier ihren Durst, bevor sie abends ihr Revier durchstreifen.

# Wo die Bären wohnen

*In Indien lebt ein Bär, über dessen Lebensweise nur sehr wenig bekannt ist. Nach langer Vorbereitung gelangen endlich seltene Einblicke ins Familienleben der Lippenbären.*

# Balu aus dem Dschungelbuch

Gemütlich trottet eine Lippenbärin zwischen den Felsen den Berghang hinab, auf ihrem Rücken trägt sie ein Jungtier huckepack. Putzmunter inspiziert es von diesem Logenplatz aus die Gegend. Dann stoppt die Mutter, der Kleine lockert seinen Griff im Fell, rutscht am Hinterbein herunter und beginnt, die Umgebung zu Fuß zu erkunden. Die Bärin dreht Steine um auf der Suche nach ein paar Leckerbissen, und der Kleine imitiert sie so gut er kann.

Mir kommt die Hymne „Probier's mal mit Gemütlichkeit" aus dem Disney-Film „Das Dschungelbuch" in den Sinn. Als singende Frohnatur ist Balu der Bär weltberühmt geworden. Disney hatte eine Vorlage des britischen Literaturnobelpreisträgers Rudyard Kipling verfilmt. Der verwendete Tiere des indischen Dschungels als Charaktere für seine Geschichten – das reale Vorbild für Balu war der Lippenbär. Den kennen jedoch, im Gegensatz zur Roman- und Filmfigur, nur wenige.

Sogar der Wissenschaft sind einige grundlegende Daten über wildlebende Lippenbären nicht bekannt. Einerseits stehen sie im Schatten berühmterer Arten wie Tiger und Elefanten. Anderseits ist es keine leichte Aufgabe, Feldstudien über die scheuen und häufig nachtaktiven Bären durchzuführen. Zumindest ist bemerkenswert, dass es auch im 21. Jahrhundert noch große charismatische Säugetiere gibt, die bislang kaum erforscht wurden.

Bekannt waren die Tiere lediglich als Tanzbären. Gequälte Kreaturen, die für ein paar Rupien Passanten belustigen sollten. Dies waren auch die ersten Lippenbären, die ich in Indien zu Gesicht bekam – das war 1993. Die Fotos, die ich machte, illustrierten zurück in Deutschland einen kleinen Beitrag, der das Schicksal der Tiere anprangerte. Im Jahr 1997 sah ich dann zum ersten Mal einen wildlebenden Lippenbären. Eine reine Zufallsbegegnung. In den nächsten Jahren verbrachte ich noch viel Zeit im indischen Dschungel, sah etliche Tiger, aber nur ganz selten mal einen Bären über den Weg huschen. Mir gelang kein einziges Bild. Ich verstand, warum es so gut wie keine Fotos von Lippenbären aus freier Natur gab.

Umso gespannter war ich auf ein Bärenrevier im südindischen Bundesstaat Karnataka – eine bizarre Felslandschaft mit zahlreichen Höhlen. Ich hatte gehört, dass das Gebiet gut für die Beobachtung der Tiere geeignet sein sollte. Hier lebte die Bärin samt Nachwuchs. Die Mütter haben einen erhöhten Energiebedarf, weil sie Milch für die Jungen produzieren müssen. Sie sind dann häufiger auch tagsüber aktiv, um auf Nahrungssuche zu gehen. Ich postierte mich in einem Versteck mit gutem Überblick und wartete auf meine Chance.

Schon bei meinem ersten Aufenthalt im Jahr 2007 hatte ich Glück. Ich konnte die Bärin mit ihrem tapsigen Nachwuchs regelmäßig beobachten und fotografieren – viel besser, als ich zu hoffen gewagt hätte. In den nächsten Jahren kehrte ich mehrfach zurück und sah ganz unterschiedliche Bären. Im Laufe der Zeit bekam ich immer mehr Übung darin, die Individuen voneinander zu unterscheiden. So konnte ich die Interaktionen zwischen Müttern, Jungen und Männchen besser einordnen. Manche Beobachtungen und Fotos lieferten sogar Hinweise auf Verhaltensweisen, die von Lippenbären bislang gar nicht bekannt waren. Mit viel Glück gelang es mir tatsächlich, die erste Geschichte über wildlebende Lippenbären zu fotografieren. Sie wurde weltweit in zahlreichen Magazinen veröffentlicht – ich freute mich riesig! Manchmal kann man sogar im 21. Jahrhundert noch Neuland betreten.

Ein Lippenbär verlässt seine Höhle in den felsigen Hügeln Karnatakas.
Die Tiere stöbern hier vor allem nach Termiten, Ameisen und anderen Insekten.
Je nach Jahreszeit ernähren sie sich auch von Früchten. Die Bären
klettern gut und suchen gelegentlich sogar auf Bäumen nach Nahrung.

Lippenbären transportieren ihren Nachwuchs über Monate auf dem Rücken.
Die Jungen müssen erst lernen, sich im Fell der Mutter festzukrallen.

Wenn junge Lippenbären die ersten kleinen Ausflüge machen, halten sie sich stets in der Nähe ihrer wehrhaften Mutter auf. Später müssen sie sich dann um sich selbst kümmern.
Ein junges Männchen, das auf einen Baum klettert, begegnet oben einem älteren Weibchen. Die Tiere können sich kaum aus dem Weg gehen und drohen einander mit Gebrüll und gefletschten Zähne. Zu einer ernsten Auseinandersetzung ist es aber nicht gekommen.

Diese bizarre Felslandschaft in Karnataka ist ein gutes Bärenrevier.
Die Tiere finden hier zahlreiche Höhlen, in denen sie sich verstecken können.

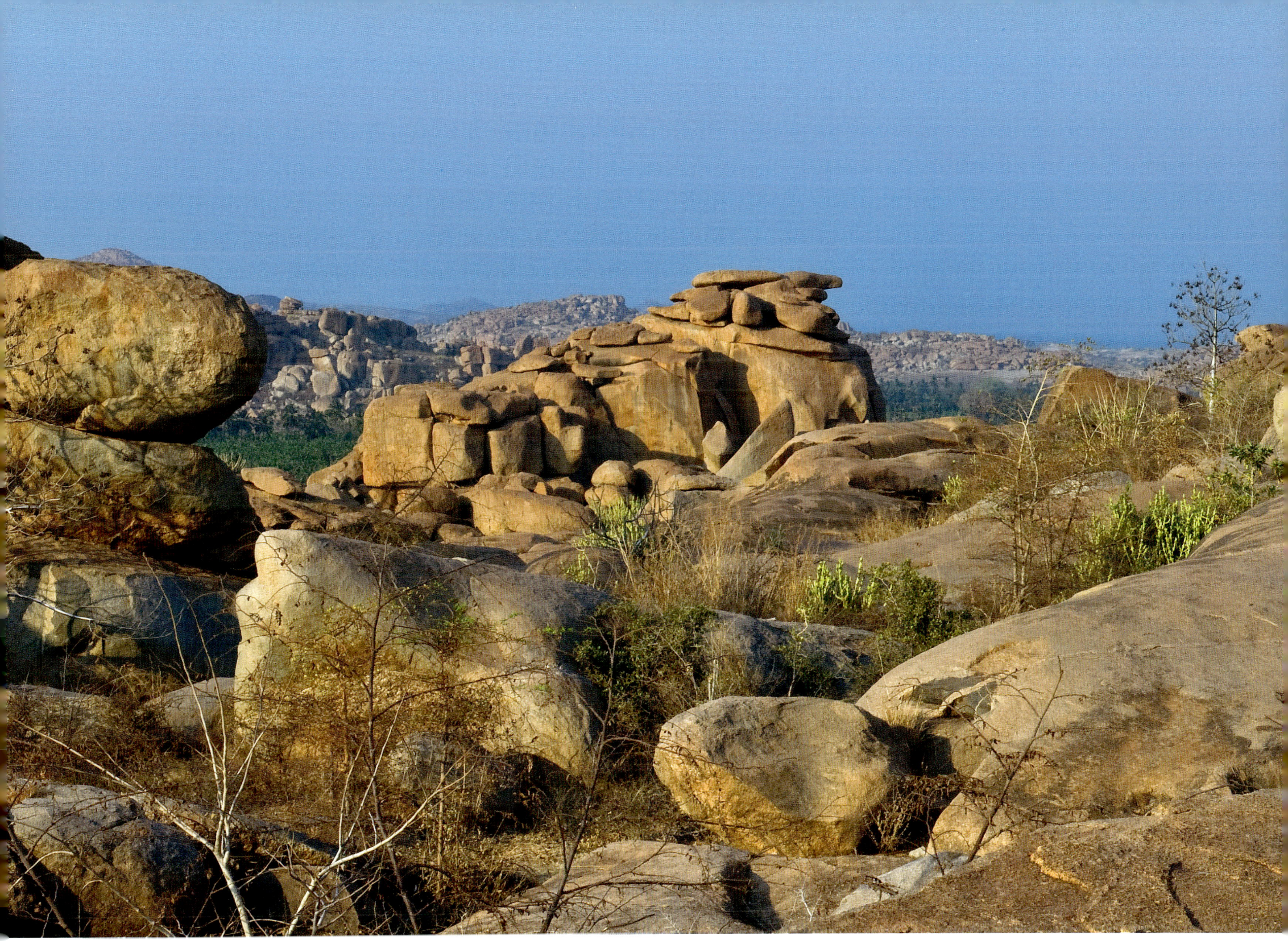

Wo die Bären wohnen,
sind auch viele andere Tiere
zuhause. Die Indische
Rotmanguste (rechts)
ist ein Mungo und jagt gerne
Reptilien, sogar giftige
Kobras wie die Brillenschlange.
Sie findet zwischen den
Felsen viele Verstecke.
Auch der Goldschakal geht
hier auf Nahrungssuche.

Pfaue und Palmenhörnchen besiedeln die felsige Landschaft. Zu ihren Nachbarn gehören Indische Hutaffen mit ihrem frechen Nachwuchs. Diese zu den Makaken zählenden Affen ernähren sich von Obst und verschiedenen anderen Pflanzenteilen, verschmähen aber auch Insekten nicht.

Zwei kleine Bärengeschwister erkunden neugierig die Umgebung der Höhle, in der sie geboren wurden. Welche Tiere gefährlich sind oder harmlos wie dieser Pfau, müssen sie erst lernen. Die Mutter behält sie dabei stets im Auge, um bei Gefahr eingreifen zu können. Ein Wachtelfrankolin hält lieber etwas Sicherheitsabstand (links).

Die Lippenbären leben Seite an Seite mit Wildschweinen. Erwachsene Tiere tolerieren sich gegenseitig. Die jungen Bären müssen aber erst noch die Erfahrung machen, dass ihnen von den selbstbewussten Wildschweinen keine Gefahr droht.

Über das Sozialverhalten von Lippenbären ist nur wenig bekannt, doch zwei Begegnungen liefern interessante Hinweise. Eine Bärin verteidigt ihre großen Jungtiere lautstark und aggressiv gegen ein fremdes Männchen (ganz rechts). Der Grund für ihr entschlossenes Verhalten könnte eine drohende Kindestötung sein. Diese ist für Lippenbären nicht belegt, wurde aber beispielsweise bei Grizzlies, Tigern und Löwen beobachtet. Eine weitere Begegnung eines alten Bären (oben links) mit zwei jungen Männchen wirkt auf den ersten Blick ebenfalls aggressiv. Doch dann beobachtet der Alte die Jungen beim Spielen – wahrscheinlich handelt es sich um den Vater (unten links). Diese friedliche Begegnung deutet darauf hin, dass bei Lippenbären auch nach der Selbständigkeit der Jungen Familienbande bestehen. Dies ist erstaunlich, da sich Männchen nicht an der Aufzucht des Nachwuchses zu beteiligen scheinen.

Lippenbären kommen nur auf dem Indischen Subkontinent vor und besiedeln unterschiedliche Lebensräume – von Grassland, über lichten Dschungel, bis hin zu dichten Wäldern. Einst waren sie vom südlichen Rand des Himalaya bis nach Sri Lanka verbreitet. Aus weiten Teilen dieses Gebietes sind sie inzwischen aufgrund von Lebensraumzerstörung und menschlicher Nachstellung verschwunden. In den felsigen Hügeln Karnatakas leben aber noch viele Bären.

# In den Sümpfen

*Monatelang trocknet die heiße Tropensonne Indien aus. Große Teile des Landes sind staubtrocken. In Feuchtgebieten, die ständig Wasser führen, pulsiert dann das Leben.*

# Wasser ist Leben

Ganz langsam gleitet unser Boot über den Kaveri-Fluss in Karnataka. Der Ruderer weiß, dass hektische Bewegungen die Krokodile vertreiben würden. Einige von ihnen liegen auf kleinen felsigen Inseln im Fluss und sonnen sich. Wir sind umgeben von Vögeln, die wild durcheinanderfliegen oder auf den Büschen am Ufer sitzen. Verschiedene Reiher und Störche, Löffler, Ibisse und Pelikane sind darunter. Zahllose Rufe mischen sich zu einem wilden Konzert. In den höheren Etagen hängen Flughunde. Obwohl sie eigentlich den Tag verschlafen sollten, gibt es immer einige, die sich mit einem Nachbarn lautstark um den besten Ruheplatz streiten. Wenn ein Tier Pech hat und ins Wasser fällt, endet es schnell als Mahl für die Krokodile. Sie liegen nur scheinbar regungslos auf ihren Felsen. Im Grunde sind sie hellwach und warten immer auf eine günstige Gelegenheit. Inzwischen haben wir uns einem der Sumpfkrokodile bis auf wenige Meter genähert. Die dolchartigen Zähne, die aus seinem Kiefer ragen, erinnern aber stets daran, einen Sicherheitsabstand einzuhalten.

Lange Zeit waren Krokodile die unangefochtenen Herrscher tropischer Sümpfe. Die riesigen Reptilien existieren seit etwa 230 Millionen Jahren in fast unveränderter Form. Sie sind Spitzenmodelle der Evolution, die schon alt waren, als die Dinosaurier ihre Blütezeit erreichten. In der modernen Welt finden sie jedoch immer weniger Rückzugsmöglichkeiten. Früher waren Sumpfkrokodile in allen indischen Fluss-Systemen und vielen Süßwasserseen zu finden, mittlerweile haben ihre Bestände drastisch abgenommen. Hunger und Dürre ertragen die Tiere zwar erstaunlich lang, mit dauerhaften Veränderungen ihrer Lebensbedingungen kommen sie aber nicht zurecht.

Den Vögeln geht es da besser. Wenn ihr Lebensraum zerstört wird, können sie sich zumindest in die Lüfte schwingen und nach einer neuen Heimat suchen. Üblicherweise wird die jährliche Trockenheit von den regenbringenden Monsunwinden beendet. In manchen Regionen brachten sie in den letzten Jahren jedoch wesentlich weniger Niederschlag als erhofft – etwa im Keoladeo-Nationalpark. Das Schutzgebiet, besser bekannt unter dem Namen der benachbarten Stadt „Bharatpur“, wurde von der UNESCO aufgrund seines Vogelreichtums sogar zum Weltnaturerbe erklärt. Eine Serie regenarmer Jahre veränderte das Gebiet aber sehr schnell: Die Wasserflächen verschwanden bis auf winzige Reste, die Vögel blieben aus oder flogen davon, Kühe und Ziegen fraßen große Teile der Vegetation. Bharatpur war nicht mehr wiederzuerkennen, der Titel Weltnaturerbe schien keine Berechtigung mehr zu haben. Zwar bestand die Möglichkeit, Wasser eines Stausees in den Nationalpark zu leiten. Dagegen wehrten sich aber die Bauern, denn ohne Wasser lieferten ihre Felder keinen Ertrag. Wessen Rechte sind in Zeiten der Not wichtiger? Während Bauern, Behörden und Naturschützer stritten, löste ein heftiger Monsun das Problem und brachte Wasser für alle. Die Bauern konnten wieder ernten, das Vogelparadies erholte sich. Inzwischen wurde sogar schon mehrfach Wasser in den Nationalpark gepumpt.

Das Beispiel erinnert daran, wie elementar Wasser für alles Leben auf der Erde ist. In Zeiten globaler Klimaveränderung lässt sich immer schlechter kalkulieren, ob diese Ressource in ausreichender Menge zur Verfügung steht. Bei Wassermangel können sich blühende Landschaften, seien sie nun von Menschen oder Tieren bevölkert, innerhalb weniger Jahre in Ödnis verwandeln.

Krokodile sind seit Urzeiten die Herrscher tropischer Flüsse und Seen. In Indien ist das Sumpfkrokodil am weitesten verbreitet. Große Exemplare können vier Meter lang werden. Ein weiteres Reptil, das gerne am Wasser jagt, ist der Bindenwaran. Mit einer Körperlänge von mehr als zwei Metern ist auch er eine beeindruckende Erscheinung. In Indien kommt er nur in den östlichen Landesteilen vor.

Silberklaffschnäbel sind Störche, die in großen Kolonien brüten – wie etwa am Kaveri-Fluss in Karnataka (links). Im selben Gebiet leben Kuhreiher (rechts). Das Gefieder dieses normalerweise blütenweißen Vogels bekommt zur Brutzeit orangefarbene Partien. Augen und Schnabel sind jetzt ebenfalls auffällig bunt gefärbt.

Hinter einer Brutkolonie von Silberklaffschnäbeln rasten Indische Riesenflughunde in der Ufervegetation. Die Tiere hängen kopfüber und verschlafen den Tag. Abends schwärmen sie dann aus – immer auf der Suche nach Bäumen, die reife Früchte tragen. Riesenflughunde können eine Spannweite von einem Meter zwanzig erreichen.

Zur Brutzeit herrscht in den Vogelkolonien am Kaveri-Fluss geschäftiges Treiben. Während die Löffler noch Unstimmigkeiten bei der Partnerwahl haben, pendeln die Graupelikane schon zum Nest (oben). Der Graufischer (unten), der zu den Eisvögeln gehört, baut eine Brutkammer in einer steilen Uferböschung.

Dachschildkröten sind zum morgendlichen Sonnenbad auf einen umgestürzten Baum geklettert. Wie alle Reptilien sind sie wechselwarm – ihre Körpertemperatur hängt von der Umgebungswärme ab. Nach einer kühlen Nacht müssen sie sich daher aufheizen, um die optimale „Betriebstemperatur" zu erreichen. Auch Libellen sind wechselwarm. Über Nacht haben sie sich zu einer Schlafgemeinschaft versammelt. Nachdem die ersten Sonnenstrahlen die Insekten aufgewärmt hatten, flogen sie in alle Richtungen davon.

Der „Rajbagh Talao" ist ein See im Ranthambhore-Nationalpark, an dem Maharajas über Jahrhunderte Tiger gejagt haben. Die Ruinen an seinen Ufern sind stille Zeugen dieser Epoche. Wasserflächen wie diese ziehen Großkatzen und ihre Beutetiere magisch an: Sambarhirsche, Axishirsche, Wildschweine, Pfaue und zahlreiche andere Vögel suchen hier nach Nahrung. Die Gewässer sind auch eine Kinderstube für Krokodile. Noch stellen die Winzlinge für die Wasservögel aber keine Gefahr dar.

Ein Panzernashorn, Wilde Wasserbüffel, Zacken- und Schweinshirsche weiden im
Kaziranga-Nationalpark. Er liegt in Assam in einer sumpfigen Niederung des Brahmaputra.

Mit seiner urtümlichen Erscheinung wirkt das Panzernashorn wie ein Relikt aus vergangenen Zeiten. Es ist angepasst an ein Leben in den Sümpfen, der Wechsel zwischen Wasser und Land bereitet ihm keine Probleme. Vor gut hundert Jahren standen Panzernashörner kurz vor der Ausrottung. Dass sie überlebt haben, ist eine Erfolgsgeschichte des Artenschutzes. Dem Kaziranga-Schutzgebiet kam dabei eine Schlüsselrolle zu. Heute leben hier rund 2000 Tiere – etwa drei Viertel des Weltbestandes.

Im Kaziranga-Nationalpark leben noch Wilde Wasserbüffel, die Vorfahren der domestizierten Hausbüffel. Sie zeichnen sich durch besonders wuchtige Hörner aus.
Im selben Gebiet kommen Asiatische Elefanten vor. Sie nehmen gerne Schlammbäder.

# Zauber der Wüste

*Der Nordwesten Indiens ist besonders heiß und trocken. Hier erstreckt sich die Wüste Thar – ein Gebiet ungewöhnlicher Schönheit mit einem reichen kulturellen Erbe.*

# Eine Reise in die Vergangenheit

Monoton dringt das Blöken der Dromedare durch den morgendlichen Dunst. Sie haben Hunger – genau wie ihre Besitzer. Langsam erwacht der Viehmarkt von Nagaur in Rajasthan zum Leben. Verschlafene Gesichter blinzeln in die Morgensonne. Überall erheben sich nun Gestalten von ihren Nachtlagern und schütteln staubige Decken aus. Viele Männer entfachen wieder ihre Lagerfeuer, um die Kühle der Nacht zu vertreiben. Der Geruch von brennendem Holz breitet sich aus, ergänzt durch den Duft frischen Tees. Ich höre, wie blecherne Tassen an Kessel stoßen. Über dem Feuer werden einfache Fladenbrote zubereitet. Endlich bekommen auch die Dromedare ihr Frühstück. Ein alter Mann breitet vor ihnen einen Sack Getreide aus. Gleich mehrere Tiere sitzen davor, beugen ihre langen Hälse darüber und verspeisen das Futter gemeinsam.

Bei dieser Szenerie erinnert so gut wie nichts an die Gegenwart. Kein Auto, keine Stromleitung – moderne Technik ist nicht zu sehen. Wahrscheinlich hat sich das Treiben auf den Viehmärkten vor einigen hundert Jahren genauso abgespielt. Ich komme mir vor, also hätte ich eine Zeitreise ins Mittelalter gemacht – dabei liegt nur ein langer Flug aus Deutschland hinter mir.

In dieser Welt aus Sand und Staub sind die genügsamen Dromedare wichtige Lasttiere. Sie sind billiger als Autos und geländegängig. Mit Leichtigkeit überqueren sie Sanddünen, in denen Fahrzeuge schnell steckenbleiben. Die Tiere ertragen Temperaturschwankungen und können lange ohne Wasser auskommen. Kein Wunder, dass hier der Handel mit ihnen blüht. Mehrere tausend Dromedare wechseln auf dem Viehmarkt ihre Besitzer, in geringerer Zahl auch Kühe und Pferde.

Um Kunden anzulocken, werden die Tiere mit verschiedenen Ornamenten kunstvoll geschmückt. Bunte geflochtene Schnüre zieren Kopf und Hals der Kamele. Eine dekorative Bemalung beginnt meist im Gesicht, kann sich aber über die Flanken bis zu den Beinen ziehen. Darüber hinaus gibt es Kamelfrisöre, die den Tieren in mühevoller Arbeit dekorative Muster ins Fell schneiden. Mit entsprechendem Stolz präsentieren die Besitzer ihre Tiere. Einer von ihnen bietet mir sein Wüstenschiff für umgerechnet etwa 500 Euro zum Kauf an.

Ein Betrag, den sich viele Bauern nicht leisten können. Seit auf dem Weltmarkt die Preise für Kraftstoffe wie Diesel steigen, nimmt auch die Nachfrage nach Dromedaren wieder zu, weil sie im Unterhalt günstiger sind als Maschinen. Dennoch ist die traditionelle Viehzucht in der Wüste Thar hart. Viele Menschen leben bis heute unter einfachsten Bedingungen in Lehmhütten. Vor allem die jüngeren Generationen streben nach Glück und Wohlstand in der Stadt – und gehen nach Jaisalmer.

Tatsächlich war diese Wüstenbastion schon früh für ihren Reichtum berühmt. Sie liegt im Westen der Wüste Thar, nahe der pakistanischen Grenze, an einer uralten Handelsrute. Kamelkarawanen sorgten für einen florierenden Handel. Es entstanden kunstvoll verzierte Wohnhäuser, prächtige Tempel und eine beindruckende Festungsanlage. Sehr viele historische Stätten Indiens wurden im Laufe der Geschichte zerstört und haben nur als Ruinen überdauert. Doch das historische Jaisalmer ist bis heute bewohnt und sieht aus wie eine Filmkulisse. Wenn kunstvoll geschmückte Frauen in bunten Saris durch die verwinkelten Gassen wandeln, erinnert diese Szenerie an die Geschichten aus 1001 Nacht. Hier ist er tatsächlich noch zu finden – der Zauber der Wüste.

Der Kamelmarkt von Nagaur in Rajasthan lockt Händler und Käufer aus der ganzen Wüste Thar an. An der Veranstaltung, die sich über mehrere Tage zieht, nimmt oft die ganze Großfamilie teil. Die erfahrenen alten Männer solcher Clans genießen hohes Ansehen.

Morgens werden die Dromedare in kleinen Gruppen zusammengeführt.
Als gemeinsames Frühstück bekommen sie einen Sack Getreide serviert.

Die Menschen in der Wüste Thar leben weit verstreut. Wenn sie sich wegen ihrer Tiere an einem Ort versammeln, ist dies immer auch ein gesellschaftliches Ereignis. Für junge Frauen ist das Wüstenfest gleichzeitig ein Heiratsmarkt. Die Jungen unterstützen die Familie, indem sie das Vieh hüten.

Dromedare sind als Arbeitstiere in der Wüste unentbehrlich. Ihre Besitzer präsentieren sie daher oft voller Stolz. Wenn die Tiere verkauft werden und in ungewohnte Hände gelangen, reagieren sie allerdings manchmal störrisch.

Für den Viehmarkt werden die Tiere oft kunstvoll bemalt. Den letzten Schliff besorgt dann ein Kamelfrisör. Er schneidet dekorative Muster ins Fell.

Auf dem Viehmarkt ist ein Wasserbüffel durchgegangen. Nur mit vereinten Kräften gelingt es, das störrische Tier wieder zu bändigen.

Die Menschen in der Wüste Thar wohnen oft unter einfachsten Bedingungen in Lehmhütten. Mehrere Generationen leben gemeinsam mit ihren Tieren auf engstem Raum.

Jaisalmer wirkt wie eine Kulisse für die Geschichten aus 1001 Nacht. Wegen ihres leuchtenden Sandsteins wird die Stadt auch „Golden City" genannt. Sie wurde im Jahr 1156 gegründet.

Der historische Stadtkern von Jaisalmer ist gut erhalten geblieben und wird bis heute bewohnt. Innerhalb der Befestigungsanlage liegen kunstvoll verzierte Tempel, außerhalb die typisch indischen Straßenstände.

In Jaisalmer tragen viele Frauen und Mädchen noch traditionelle Gewänder und kunstvollen Schmuck. Die meisten Stücke werden in mühevoller Handarbeit hergestellt.

# Vögel des Glücks

*In Rajasthan findet ein einzigartiges Spektakel statt: Tausende überwinternde Jungfernkraniche besuchen ein kleines Dorf am Rande der Wüste Thar.*

# Das Spektakel der Kraniche

Mit durchdringenden Rufen begrüßt ein Pfau die aufgehende Sonne. Langsam schlurft ein alter Mann mit orangefarbenem Turban auf den Dorfplatz und beginnt damit, überall Getreide zu verteilen – Futter für die Vögel des Glücks. Tauben picken die ersten Körner auf, der Alte lässt sie gewähren. Eigentlich ist das Futter für die Kraniche bestimmt. Noch lässt sich nicht erahnen, wie viele Vögel sich hier bald zusammendrängen. Kaum hat der Alte das ganze Getreide aus den Säcken verteilt, nähern sich die ersten Geschwader von Jungfernkranichen. Laut trompetend landen sie an der Futterstelle. Immer mehr Vögel treffen ein: erst Dutzende, dann Hunderte und schließlich Tausende. Gierig picken die großen Vögel das ausgelegte Getreide auf. Währenddessen treffen weitere Trupps ein. Nicht alle hungrigen Kraniche können gleichzeitig fressen – es sind einfach zu viele. Immer, wenn ein Schwarm gesättigt ist und Platz für den nächsten macht, scheinen die Vogelmassen zu explodieren. Dieses Spektakel wird durch das Rauschen der Schwingen und das ständige Trompeten der Kraniche mit einer gewaltigen Geräuschkulisse untermalt.

Erst seit einigen Jahren lässt sich hier dieses beeindruckende Schauspiel beobachten. Jungfernkraniche zogen zwar schon immer in diesen Teil Indiens, um der winterlichen Kälte ihrer zentralasiatischen Brutgebiete zu entfliehen. Doch meist waren es nur ein paar Dutzend. Als die Einwohner des kleinen Dorfes Kheechan dann begannen, die Vögel zu füttern, nahm ihre Zahl allmählich zu. Inzwischen kommen jedes Jahr 12 000-15 000 Jungfernkraniche in das Dorf. Dadurch wuchs der Bedarf an Futter natürlich beträchtlich. Die finanziellen Mittel dafür werden von vermögenden Mitgliedern der Jain-Religion aufgebracht. Sie hat ihren Schwerpunkt in Indien, doch einige ihrer Anhänger sind als Geschäftsleute im Ausland zu Wohlstand gekommen. Ihre Bereitschaft zu Spenden und Gutes zu tun, hat ebenfalls religiöse Gründe.

Jains sind friedliebende Menschen, die kein Lebewesen töten oder verletzen dürfen. Viele von ihnen glauben an die traditionelle Idee, dass alle Kreaturen der Erde Teil einer großen Familie sind. In Indien symbolisieren Kraniche zudem Glück in der Ehe – vermutlich, weil die Vögel oft sehr lange mit einem Partner zusammenleben. Kraniche tauchen in Volksliedern und lokalen Gedichten auf, sie werden verehrt und gelten als Vögel des Glücks. Durch diese religiös motivierte Fürsorge hat sich eine der ungewöhnlichsten Beziehungen von Menschen und Wildtieren in ganz Indien entwickelt.

Um die Vögel nicht unnötig zu beunruhigen, wurde der Futterplatz eingezäunt. So sollen Hunde und übermütige Kinder ferngehalten werden. Da der Platz nach oben hin offen ist, fliegen die Vögel ein und aus, wie sie möchten. Gelegentlich bleiben sie jedoch in den Stromleitungen hängen und kommen zu Tode. Einige Kabel sind daher entfernt oder isoliert worden, um die Verletzungsgefahr zu verringern – weitere sollen folgen. Ein ganz praktischer Aspekt der Fütterung ist, dass sich die Vögel lenken lassen: Wenn sie sich am Futterplatz sattfressen, suchen sie nicht die Felder der Bauern heim. Und so gibt es auch keine Konflikte mit der lokalen Bevölkerung. Nach der morgendlichen Fütterung rasten die Kraniche in der Umgebung, auf den Sanddünen, irgendwo in der Wüste Thar. Die Nacht verbringen sie dann an einem See in einiger Entfernung. Doch am nächsten Morgen kommen sie mit Sicherheit wieder. Und alle freuen sich über die Rückkehr der Vögel des Glücks.

BIRDS FEEDING HOME

Jeden Tag streuen die Bewohner des Dorfes Kheechan große Mengen Getreide aus, um Vögel zu füttern. Jungfernkraniche aus Zentralasien, die in Indien überwintern, konzentrieren sich daher in der Umgebung. In riesigen Schwärmen besuchen sie den Dorfplatz. Nach einer Weile haben sie sich sattgefressen, fliegen auf, und die nächsten Kraniche können landen.

Große Schwärme von Jungfernkranichen kreisen über dem Dorf und lassen sich schließlich zwischen den Häusern nieder. Ungewöhnlich ist, dass die sonst recht scheuen Vögel hier die direkte Nachbarschaft der Menschen akzeptieren und kaum Scheu zeigen.

Wenn die Vormittagssonne höher steigt, nachdem die Jungfernkraniche gefressen haben, entstehen über dem trockenen Wüstenboden warme Aufwinde. Die Vögel nutzten sie, um sich in die Höhe tragen zu lassen. Sie können nun energiesparend segeln und bilden wieder große Schwärme.

Künstlich angelegte Wasserreservoire sollen ein wenig Landwirtschaft in der Wüste ermöglichen. Hier versammeln sich auch gerne die Jungfernkraniche.

Die Fütterung im Winter lockt jedes Jahr 12 000 – 15 000 Jungfernkraniche in die Wüste – mit steigender Tendenz. Im Frühjahr kehren sie jedoch immer wieder zurück in ihre Brutgebiete nach Zentralasien, um dort ihre Jungen aufzuziehen.

सूचना प्रसारण केन्द्र
श्री गंगा सभा (रजि) हरिद्वार
शाखा कार्यालय-श्री गंगा सभा (रजि) हरिद्वार
यात्रियों से निवेदन है कि मां गंगा जी एवं घाटों पर गन्दगी फैलाना, बीड़ी-सिगरेट पीना
तेल-साबुन लगाना, जूते-चप्पल लाना, फोटो खींचना सख्त मना है. श्री गंगा सभा (रजि) हरिद्वार
कुम्भ मेला - 2010

# Heilige Fluten

*Der Ganges ist die Lebensader für viele Millionen Menschen und ein großes Heiligtum Indiens. Zahllose Pilger baden hier, um sich von ihren Sünden zu befreien.*

# Das größte religiöse Fest der Welt

Schon Kilometer vor dem Ganges blockiert ein Schlagbaum die Straße. Pfeifend und wild gestikulierend winkt mich ein Ordnungshüter auf einen Parkplatz. Ich muss das Auto stehen lassen und sehen, wie ich weiterkomme. Es ist ein Versuch, den Ansturm der Massen irgendwie zu lenken. Sie alle wollen an der Kumbh Mela teilnehmen, dem größten religiösen Fest der Welt. Niemand weiß genau, wie viele Millionen Menschen dieses Jahr nach Haridwar in Nordindien pilgern. Eine organisatorische Herausforderung ist die Veranstaltung in jedem Fall. Ein paar Fahrradrikschas pendeln zwischen Parkplatz und Fluss. Die Fahrer sind recht geschäftstüchtig und passen ihre Preise der enormen Nachfrage an. Geduldig warte ich, bis ich an der Reihe bin. Eine Weile kann ich mitfahren, dann kommen auch diese Gefährte nicht mehr weiter. Die Menschen drängen sich durch alte, immer enger werdende Gassen in Richtung Fluss. Es ist heiß, stickig und wird immer lauter. Über ausgetretene Stufen steigen die Massen hinunter zum Ufer, wo sie den Höhepunkt ihrer Pilgerfahrt zelebrieren – ein Bad in den heiligen Fluten des Ganges.

Als Pilger braucht man ein wenig Geduld, um an einer Kumbh Mela teilzunehmen. Es gibt unterschiedliche Varianten, die an vier heiligen Orten stattfinden. Das größte Fest wird nur alle 144 Jahre gefeiert, die kleineren Formen alle drei Jahre. Veranstaltungsort und -datum hängen von den Mondphasen und den weiteren Stellungen der Gestirne ab. Doch bei der Aussicht, an einem geweihten Ort zur richtigen Zeit im heiligen Ganges zu baden, lohnt die Geduld.

Für Hindus ist der Fluss ein Heiligtum, die Verkörperung der Göttin Ganga. Nach der hinduistischen Lehre hat das Wasser die Kraft, auch spirituell zu reinigen. Bei einem Bad im Ganges können Gläubige ihre Sünden abwaschen. Auch bei Ritualen im religiösen Alltag kommt Wasser aus dem Ganges häufig zum Einsatz. Der Glaube an seine positive Wirkung ist bis heute ungebrochen – daher wird es auch getrunken.

Dies ist erstaunlich, denn der Ganges ist einer der dreckigsten Flüsse der Welt. Im Quellgebiet, nahe den Schneefeldern des Himalaya, ist er noch frisch und sauber. Doch in der dicht bevölkerten Gangesebene, wo riesige Mengen ungeklärter Abwässer eingeleitet werden, nimmt die Verschmutzung rapide zu. Begünstigt durch hohe Temperaturen erreichen Bakterien hier gefährliche Konzentrationen. Der Flussabschnitt um die Stadt Varanasi ist besonders verdreckt.

Solche weltlichen Probleme ändern nichts an der überragenden religiösen Bedeutung des Ortes. Varanasi ist eine der ältesten ständig bewohnte Städte Indiens und gleichzeitig eine der heiligsten Stätten im Hinduismus. In dieser Religion hat die Lehre von Karma und Wiedergeburt bis heute viele Anhänger. Wer sich positiv verhält, kann sein Karma verbessern und erhöht die Chancen, im nächsten Leben besser dazustehen. Durch Erleuchtung ließe sich der ewige Kreislauf aus Geburt, Tod und Wiedergeburt durchbrechen. Doch auch nach jahrelanger Meditation und Askese ist der Ausgang ungewiss. Varanasi bietet Hoffnung, denn die Stadt verspricht Erlösung von den irdischen Qualen. Wer hier stirbt, verbrannt und dem Fluss übergeben wird, der kann sofort den Kreislauf der Wiedergeburten verlassen. Jeden Morgen beten tausende Hindus an den Ufern des Flusses. Als Zeichen ihrer Wertschätzung übergeben sie den heiligen Fluten Blüten und schwimmende Kerzen. Viele alte Menschen sind darunter. Sollten sie tatsächlich hier sterben – für sie wäre es die Erlösung.

पौराणिक
श्री गंगा माता
राजा भागीरथ
मन्दिर

108 कॉल करें !

Alle paar Jahre wird das religiöse Fest Kumbh Mela in Haridwar veranstaltet. Die Stadt liegt relativ nah an der Quelle des Ganges, sodass der Strom hier noch kalt und kräftig ist. Gläubige suchen daher Halt beim Bad in den heiligen Fluten. In der ganzen Gegend lagern Pilger, auch Fakire sind darunter.

गंगा.गीता.गायत्री मन्दिर
मुख्य मन्दिर

Während der Kumbh Mela drängen sich Pilger an den Ufern des Ganges – es sind jedes Mal viele Millionen Menschen. Abends finden verschiedene religiöse Zeremonien statt.

Von den heiligen Männern Indiens, den Sadhus, führen einige ein recht angenehmes Leben. Während des Festivals haben sie Hochkonjunktur. Gläubige können sich für ein paar Rupien ihren Segen holen. Die modernen Zeiten gehen auch an den heiligen Männern nicht vorüber. Per Handy bleiben sie in Verbindung. Sogar Zugereiste sind darunter. Der Brite John ist in der Hippie-Ära nach Indien gekommen und geblieben. Mittlerweile zieht auch er als heiliger Mann durchs Land.

Die Stadt Varanasi, an deren Ufern jeden Tag tausende Gläubige im Ganges baden, gilt als einer der „indischsten" Orte Indiens.

प्रयागघाट
PRAYAG GHAT
BANARAS SAREE FACTORY
REPLICA BOOK HOUSE
& ART GALLERY
Ganga Seva Nidhi

Die Aura des heiligen Orts inspiriert einen gläubigen Hindu zum Studium religiöser Texte. Er lebt in einer uralten Stadt. Wie alt Varanasi tatsächlich ist, lässt sich anhand des Straßenbildes nur vage erahnen.

Mit Wasser aus dem Ganges lässt sich nicht
nur die Wäsche reinigen, sondern auch die Seele.

pierre cardin

Bei einer hinduistischen Zeremonie werden dem Ganges Blüten und Früchte dargeboten. Solche Opfergaben verkaufen Händler überall, sogar auf dem Fluss selbst. Die spirituelle Reinigung findet direkt neben der Säuberung der Wäsche statt.

बनारस
साड़ी
फैक्ट्री

Alte weise Sadhus, die heiligen Männer, haben oft jüngere in ihrer Gefolgschaft. Ein respektvoller Umgang mit anderen Lebewesen, wie heiligen Kühen, ist eine Selbstverständlichkeit.

Religiöse Hindus glauben, dass alles Leben heilig ist. Sie lehnen Gewalt ab, und viele Gläubige ernähren sich vegetarisch. Sie achten ihre Mitgeschöpfe – sowohl Wild- als auch Haustiere. Arbeitselefanten bekommen Hilfe bei der Hautpflege, und ein Bad mit Wasserbüffeln macht besonders viel Spaß.

# Glanz vergangener Epochen

*Monumentale Bauten erinnern bis heute an die große Vergangenheit Indiens. Ihre Pracht und Größe lassen erahnen, welche wechselhafte Geschichte der Subkontinent erlebt hat.*

# Ein Liebesgedicht aus Stein

Schon im Morgengrauen bildet sich eine Menschenmenge vor den Toren des Taj Mahal in Agra. Es ist eine bunte Truppe jeden Alters aus den verschiedensten Ländern. Alle möchten das berühmteste Gebäude Indiens mit eigenen Augen sehen. Während ich auf meine Eintrittskarte warte, wollen mir hartnäckige Straßenhändler überteuerte Souvenirs verkaufen. Dann bieten Horden selbsternannter Fremdenführer ihre Dienste an – ich lehne dankend ab. Nach einer hochoffiziellen, aber wenig effektiven Sicherheitskontrolle darf ich das Areal betreten. Gleich, nachdem ich das Tor durchschritten habe, blicke ich auf das Taj Mahal. Es spiegelt sich in einem riesigen Wasserbecken. Was für ein Anblick! Ohne Frage ist dies eines der grandiosesten Bauwerke, das die Menschheit jemals hervorgebracht hat. Doch der Preis für die Pracht war hoch.

Der Großmogul Shabuddin Mohammed Shah Jahan ließ das Taj als Grabmal errichten zur Erinnerung an seine Lieblingsfrau Arjumand Banu Begum, die den Titel „Mumtaz Mahal" trug – die Erwählte des Palastes. Sie war während der Geburt ihres 14. Kindes im Jahr 1631 gestorben. Angeblich färbten sich daraufhin die Haare des Ehemanns über Nacht grau. Die Arbeiten an dem Gebäude, das die Schönheit und Anmut seiner geliebten Frau widerspiegeln sollte, begannen noch im selben Jahr. Ein gigantisches Vorhaben: Rund zwanzigtausend Mann sollen 17 Jahre mit tausend Arbeitselefanten im Einsatz gewesen sein. Die besten Handwerker arbeiteten mit den kostbarsten Materialien. Künstler kamen von weit her, um Ornamente aus Marmor und unzähligen Halbedelsteinen zu fertigen. Die Kosten für den Prachtbau stiegen so enorm, dass ein Staatsbankrott drohte. Unruhen und Aufstände brachen aus. Einige Zeit später wurde Shah Jahan schließlich von seinem Sohn Aurangzeb entmachtet. Die letzten Lebensjahre verbrachte der gestürzte Herrscher in einem Gefängnis mit Blick auf das Taj Mahal – seinem Liebesgedicht aus Stein. Sein Ziel hatte er dennoch erreicht: Das architektonische Meisterwerk machte seine Frau unsterblich.

Nicht alle Bauwerke blieben so gut erhalten. Der Tempelbezirk von Khajuraho etwa im indischen Bundesstaat Madhya Pradesh verbrachte eine lange Zeit im Dornröschenschlaf. Die Stätte war bedeutsam während der Herrschaft der Chandella Dynastie im 10. bis ins 12. Jahrhundert. Nach deren Niedergang wurden die Tempelanlangen vom Dschungel zurückerobert. Erst im Jahr 1838 stieß T.S. Burt, ein Ingenieur im Dienst der britischen Krone in Indien, auf die Gebäude. Er erkannte die Besonderheit der filigranen Darstellungen, und der Tempelbezirk wurde wieder zugänglich gemacht. Immerhin konnten 25 von ehemals wahrscheinlich 85 Tempeln erhalten werden. Sie gehören heute zu den großen kulturellen Attraktionen Indiens und zählen zum Weltkulturerbe der UNESCO – ebenso wie die Ruinen von Hampi.

Hampi war von 1343 bis 1565 die Hauptstadt des Königreiches Vijayanagara und gilt als letztes großes Hindu-Reich in Südindien. Es war ein bedeutender Handelsplatz für Gewürze, Stoffe und Edelsteine und lockte reiche Kaufleute an. Damals lebten wahrscheinlich schon etwa eine halbe Million Menschen in Vijayanagara. Im Jahr 1565 wurde das Königreich dann von einer Allianz islamischer Fürsten vernichtend geschlagen. Zahlreiche Ruinen bezeugen den Glanz dieser ehemaligen Metropole. Inzwischen sind in einen Teil der alten Gebäude wieder Menschen eingezogen. Das Dorf Hampi Basar zählt heute rund zweitausend Einwohner – die Geschichte geht weiter.

Das Taj Mahal ist völlig symmetrisch angelegt. Beim Blick auf die Rückseite über den Yamuna-Fluss sind auch die beiden roten Nebengebäude zu sehen – eine Moschee und ein identischer Bau ohne religiöse Bedeutung.

In Rajasthan liegt der berühmte Nationalpark Ranthambhore – er wird von dem gleichnamigen Fort überragt. In den Ruinen leben Hanuman-Languren. Die Affen haben nur wenig Scheu, weil sie häufig von Pilgern gefüttert werden, und sorgen regelmäßig für Nachwuchs.

Der Tempelbezirk von Khajuraho im indischen Bundesstaat Madhya Pradesh ist bekannt für seine kunstvollen Ornamente.
Nachdem das Gebiet lange in Vergessenheit geraten war, gehört es heute zum Weltkulturerbe der UNESCO.

Der Palast von Mysore war die Residenz der lokalen Maharajas. Er wurde erst 1912 fertiggestellt, nachdem ein früheres Gebäude ein Raub der Flammen geworden war. Die Anlage ist mit zahlreichen Kunstwerken und Götterdarstellungen geschmückt und zählt zu den berühmtesten Palästen Indiens.

PADMA
Guest House
GUEST HOUSE
AC ROOMS

Die Ruinenstadt Hampi wird überragt vom Torturm, dem Gopuram, der den Zugang zum Virupaksha-Tempel gewährt. Auf dem ganzen Areal sind verschiedene alte Gebäude zu finden. In einen Teil der Ruinen wurden inzwischen wieder neue Häuser integriert.

Hampi war einst die Hauptstadt des blühenden Königreiches Vijayanagara – heute liegt es in Karnataka. Pilger besuchen noch immer gerne die verstreut liegenden Tempel.

Manche gut erhaltenen Gebäude Hampis erinnern an den Glanz vergangener Epochen. Besonders lebendig wird diese Erinnerung im Hof des Virupaksha-Tempels, wo ein heiliger Elefant die Gläubigen segnet.

# DANK

Wer für einen Bildband fotografieren möchte, braucht Zugang zu guten Motiven. Im Laufe der Jahre haben mir sehr viele Menschen dabei geholfen, Tigern, Bären, Elefanten und etlichen anderen faszinierenden Tieren nahezukommen. Es waren Fährtenleser, Wildhüter, Mahouts oder Dorfbewohner aus der Umgebung. Besonders wertvoll war die Unterstützung von K.S. Abdul Samad und I. Ravindranath. Ihnen allen bin ich sehr dankbar.

Bei meiner ersten Indienreise im Jahr 1993 lernte ich Kailash Sankhala kennen. Er war der erste Direktor von „Project Tiger" und hat für die gefährdeten Großkatzen viel getan. Später arbeitete ich für seinen Sohn Pradeep Sankhala in den Tigerreservaten Kanha und Bandhavgarh. Den Teams der dortigen Jungle Lodges danke ich für ihre Unterstützung. Inzwischen hat Amit Sankhala die Leitung übernommen. Er ist für mich stets ein wichtiger und verlässlicher Ansprechpartner in Indien.

Fritz Jantschke bin ich unter anderem deshalb zu Dank verpflichtet, weil er dabei half, dass sich meine besondere Beziehung zu Indien überhaupt entwickeln konnte. Er schickte mich 1993 auf den Subkontinent, um für die Zeitschrift „Das Tier" eine Geschichte über Asiatische Löwen zu fotografieren. Nachdem ich mich schon als Kind für die Tiere aus dem „Dschungelbuch" begeisterte, hatte ich sie endlich auch in freier Natur gesehen. Bei derselben Reise lernte ich Gertrud Neumann-Denzau kennen, später auch ihren Mann Helmut Denzau. Unser gemeinsames Interesse für die indische Wildnis führte in den folgenden Jahren zu einem regen Gedanken- und Informationsaustausch.

Ich danke der Familie Tecklenborg und ihrem Team für die gute Zusammenarbeit, insbesondere Stefanie Tecklenborg, die das Projekt stets gefördert hat. Stefan Engelen bin ich dankbar für die grafische Umsetzung des Werkes, Marion Müller hat mit viel Fingerspitzengefühl die Farbkorrektur der Bilder vorgenommen.

Yvonne Krüger half bei der kritischen Durchsicht der Texte und leistete häufig moralische Unterstützung, wenn der Tag mal wieder zu wenig Stunden hatte. Für Ihren Beistand und ihr Verständnis bin ich ihr sehr verbunden. Allen Menschen, die zum Gelingen dieses Buches beigetragen haben, möchte ich ganz herzlich danken.

Axel Gomille
Weitere Informationen: www.axelgomille.com

# Impressum

Umwelthinweis:
Der Inhalt dieses Buches wurde auf Papier
mit chlorfrei gebleichtem Zellstoff gedruckt.
Das Einbandmaterial ist recyclebar.

Die Deutsche Bibliothek – CIP Einheitsaufnahme

Indien – Im Land der Tiger und Tempel
Axel Gomille
Steinfurt; Tecklenborg Verlag, 2012
ISBN: 978-3-939172-92-5
1. Auflage 2012

Fotos und Texte von Axel Gomille ©
www.axelgomille.com

Autorenfoto auf S. 158 von Michael Habermehl

Bei den Fotos in diesem Buch handelt es sich um reine
Dokumentarbilder. Die Tieraufnahmen entstanden in freier Natur.

Layout: Stefan Engelen, Axel Gomille

© 2012 by Tecklenborg Verlag, Steinfurt, Deutschland
Alle Rechte vorbehalten

Gesamtherstellung: Druckhaus Tecklenborg, Steinfurt

Das Werk einschließlich aller seiner Teile ist
urheberrechtlich geschützt. Jede Verwertung außerhalb
des Urheberrechtsgesetzes ist ohne Zustimmung
des Verlages unzulässig und strafbar. Das gilt
insbesondere für Vervielfältigungen, Übersetzungen,
Mikroverfilmungen sowie die Einspeicherung und
Verarbeitung in elektronischen Systemen.

ISBN: 978-3-939172-92-5